新工科·普通高等教育机电类系列教材

制图基础习题集

第 2 版

主　编　戚　美　袁义坤　梁会珍
副主编　杨德星　王逢德　王　瑞
参　编　陈　宁　王桂杰　姚　鑫　周　易
主　审　王　农

机械工业出版社

本习题集与戚美等主编的《制图基础》(第2版) 教材配套使用,根据教育部高等学校工程图学课程教学指导分委员会 2019 年制定的《高等学校工程图学课程教学基本要求》及现行制图相关国家标准,结合应用型高校人才培养目标编写而成。

本习题集共 7 章,主要内容包括:制图的基本知识与基本技能、投影基础、基本体的投影及表面交线、组合体、轴测投影图、机件的常用表达方法和计算机绘图。

本习题集可供普通高等学校机械类、近机械类各专业学生使用,也可供高等职业院校、成人教育学院的学生,以及高等教育自学考试的考生使用,还可供相关领域工程技术人员参考。

图书在版编目 (CIP) 数据

制图基础习题集/戚美,袁义坤,梁会珍主编. —2 版 . —北京:机械工业出版社,2023.8(2024.12 重印)
新工科·普通高等教育机电类系列教材
ISBN 978-7-111-73520-5

Ⅰ.①制… Ⅱ.①戚… ②袁… ③梁… Ⅲ.①工程制图-高等学校-习题集 Ⅳ.①TB23-44

中国国家版本馆 CIP 数据核字(2023)第 129182 号

机械工业出版社(北京市百万庄大街 22 号 邮政编码 100037)
策划编辑:王勇哲 责任编辑:王勇哲 段晓雅
责任校对:宋 安 李 杉 责任印制:刘 媛
涿州市京南印刷厂印刷
2024 年 12 月第 2 版第 3 次印刷
370mm×260mm · 10.75 印张 · 134 千字
标准书号:ISBN 978-7-111-73520-5
定价:34.00 元

电话服务 网络服务
客服电话:010-88361066 机 工 官 网:www.cmpbook.com
　　　　　010-88379833 机 工 官 博:weibo.com/cmp1952
　　　　　010-68326294 金 书 网:www.golden-book.com
封底无防伪标均为盗版 机工教育服务网:www.cmpedu.com

前　言

　　本习题集是首批国家级线上线下混合式一流本科课程——"制图基础（A）"的指定习题集，与戚美等主编的《制图基础》（第 2 版）教材配套使用，习题集的内容及编排顺序与教材完全一致。本习题集可供普通高等学校机械类、近机械类各专业学生使用，也可供高等职业院校、成人教育学院的学生，以及高等教育自学考试的考生使用，还可供相关领域工程技术人员参考。

　　本习题集具有以下特点：

　　1）贯彻现行《机械制图》《技术制图》国家标准。

　　2）习题的编排由易到难、循序渐进，前后衔接。

　　3）适当减少点、线、面综合题并降低求相贯线投影的难度，扩充组合体、机件表达方法、计算机绘图相关习题，突出对学生画图、读图能力的培养。

　　4）部分习题配有二维码，含有动画、视频讲解及交互模型，学生可以通过智能手机扫码观看，有助于对题目的理解。

　　5）对于标有"＊"的习题，教师可根据本校实际教学情况选用。

　　本习题集由山东科技大学戚美、袁义坤、梁会珍任主编，杨德星、王逢德、王瑞任副主编，参与编写的人员有陈宁、王桂杰、姚鑫、周易。本习题集由山东科技大学王农教授主审，她对本习题集的编写提出了许多宝贵的意见和建议，在此表示衷心的感谢！

　　由于编者水平有限，书中不当之处在所难免，恳请各位专家和广大读者批评指正。

编　者

2023 年 1 月

目　　录

前　言
第一章　制图的基本知识与基本技能 ………………………………………………………… 1
第二章　投影基础 ……………………………………………………………………………… 4
第三章　基本体的投影及表面交线 …………………………………………………………… 11
第四章　组合体 ………………………………………………………………………………… 17
第五章　轴测投影图 …………………………………………………………………………… 26
第六章　机件的常用表达方法 ………………………………………………………………… 28
第七章　计算机绘图 …………………………………………………………………………… 35
考试样卷 ………………………………………………………………………………………… 38
参考文献 ………………………………………………………………………………………… 41

第一章 制图的基本知识与基本技能

1-1 字体练习

班级　　姓名　　学号

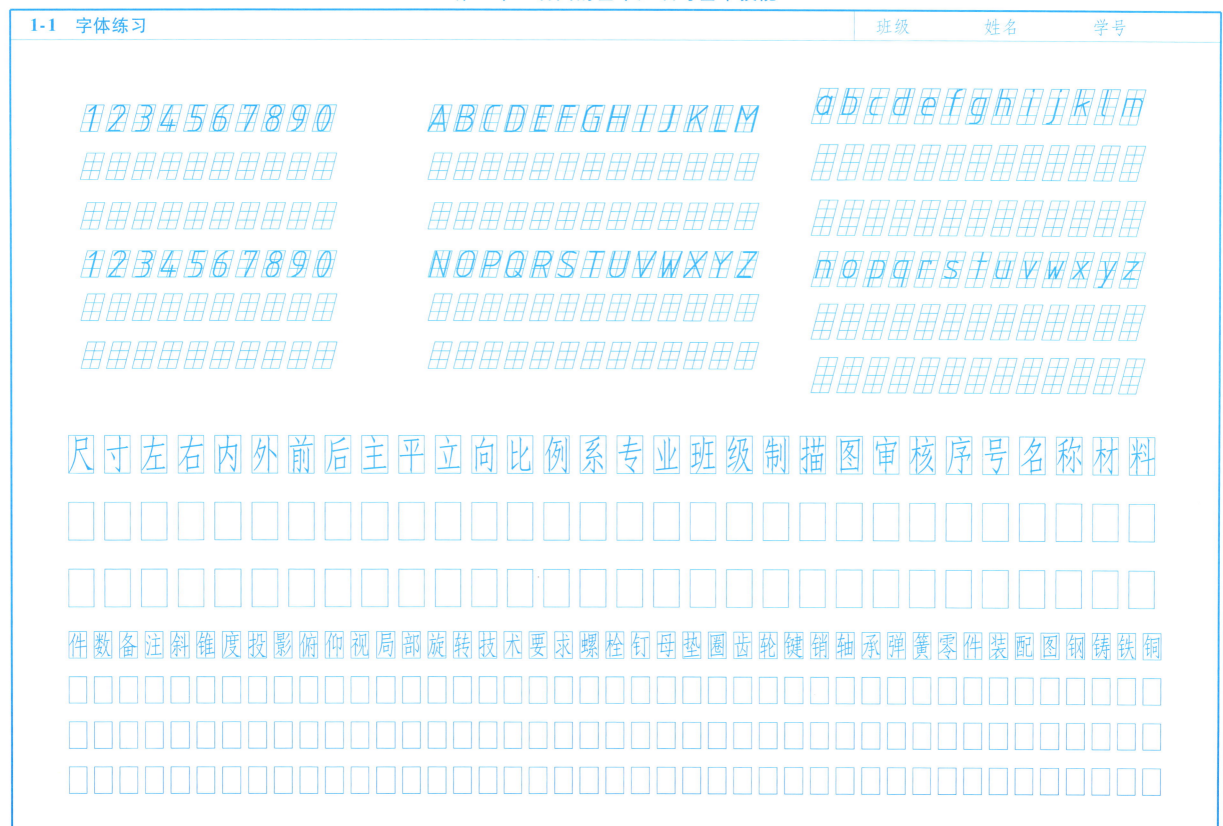

1-2 图线、斜度、锥度、比例和尺寸标注

班级　　　姓名　　　学号

1. 在指定位置处，抄画出所示各种图线和右侧图形，并补全下方图形。

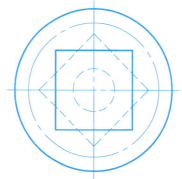
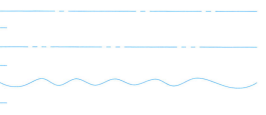
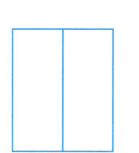
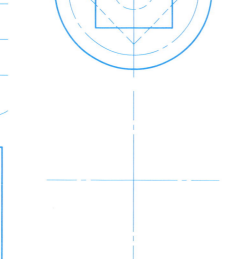

2. 参照所示图形，用 1:2 的比例在指定位置处画出图形，并标注尺寸。

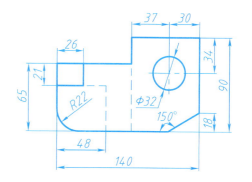

3. 找出左图中尺寸注法的错误，并按正确的注法标注在右图中。

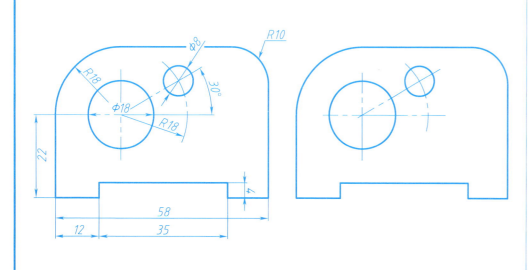

4. 参照所示图形，用 1:4 的比例在指定位置处画出图形，并标注尺寸。

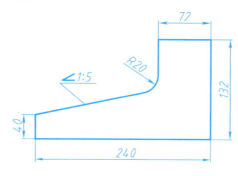

5. 参照所示图形，用 1:1 的比例在指定位置处画出图形，并标注尺寸。

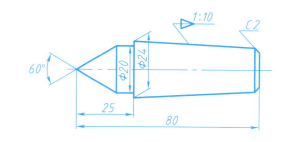

1-3 绘制平面图形

班级　　姓名　　学号

作业指导书——基本练习

一、作业内容　抄画：①图线（不注尺寸）；②零件轮廓（任选一个图形，并注尺寸）。

二、作业目的　熟悉有关图幅、图线及字体的国家标准和作图方法，初步掌握绘图仪器、工具的操作技能；分析平面图形尺寸，掌握圆弧连接的作图方法，按照国家标准规定标注尺寸。

三、作业要求　图形正确，布置适当，线型合格，尺寸完整，符合国家标准，连接光滑，图面整洁。

四、作业指示

1）采用 A3 幅面图纸并横放。用粗线画出图框线，并在右下角对齐图框线画出标题栏。

2）绘图前仔细分析所画图形，以确定正确的作图步骤，特别要注意正确作出零件轮廓线上圆弧连接的各切点及圆心。在布置图面时，应考虑预留标注尺寸的位置。

3）按题中所给尺寸先画底稿，然后按图线相关国家标准描深，最后填写标题栏。标题栏中名称填"基本练习"，比例填"1:1"。

1. 图线。

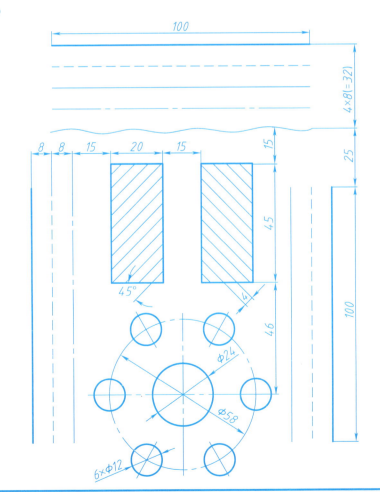

2. 零件轮廓。

(1) 起重钩

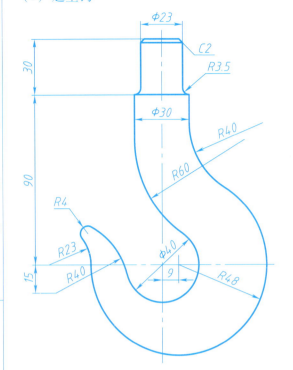

(2) 卡板

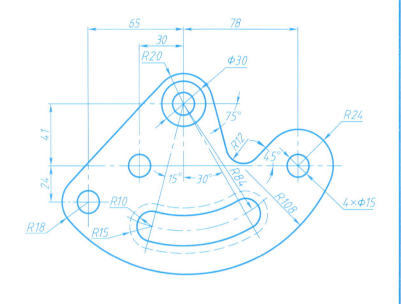

(3) 交换齿轮架

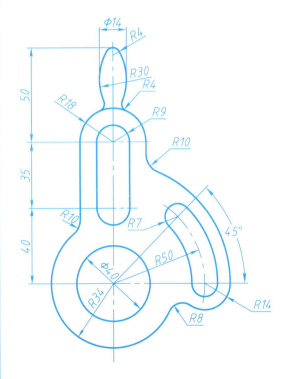

(4) 摇臂

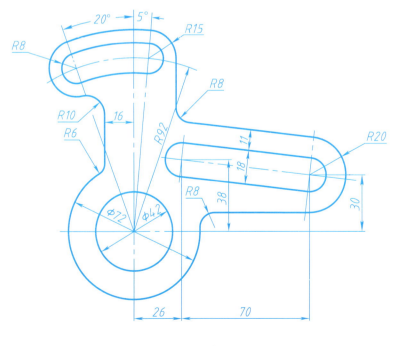

第二章 投影基础

2-1 点的投影

班级　　　　姓名　　　　学号

1. 已知 A（10，18，15）、B（18，12，0）、C（0，20，0）三点，作出它们的三面投影，画出立体图，并填写点 A 到三个投影面的距离。

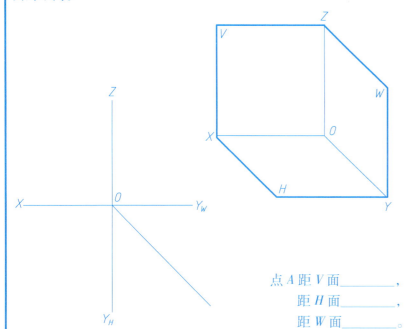

点 A 距 V 面＿＿＿＿，
距 H 面＿＿＿＿，
距 W 面＿＿＿＿。

2. 已知 A、B、C 三点到各投影面的距离（见下表），分别在右侧画出三点的三面投影。

（单位：mm）

点	距 H 面	距 V 面	距 W 面
A	25	0	17
B	15	12	6
C	0	20	0

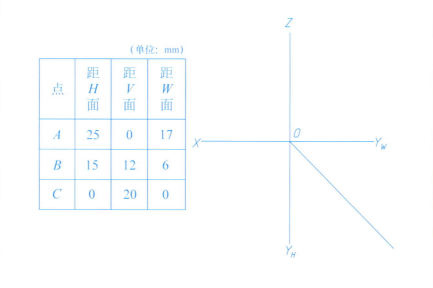

3. 已知 A、B、C 三点的两面投影，求作第三面投影。

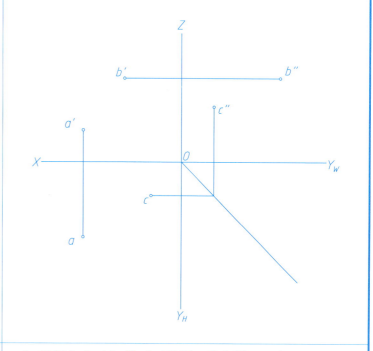

4. 点 A 与 V 面、W 面等距，点 B 与 V 面、H 面等距，点 C 与 H 面、W 面等距，完成它们的其余两面投影。

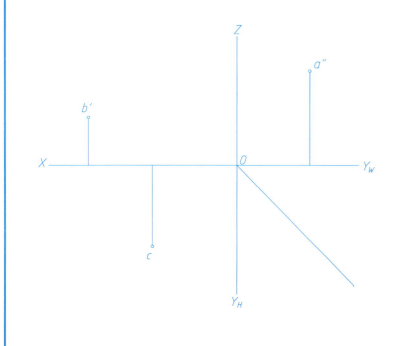

5. 已知点 B 与点 A 的距离为 10mm，点 C 与点 A 是对 V 面的重影点，点 D 在点 B 正下方 15mm 处，请补全 B、C、D 三点的三面投影，并注明可见性。

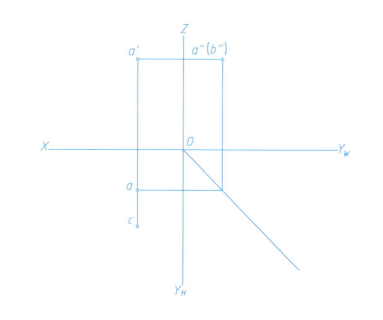

6. 根据各点已知的两面投影，作出第三面投影，回答下列问题并填空。

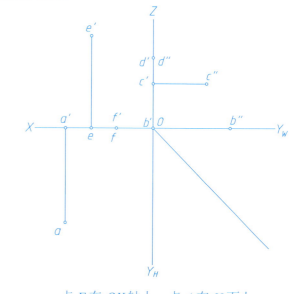

点 F 在 OX 轴上，点 A 在 H 面上，
点 C 在＿＿＿上，点 B 在＿＿＿上，
点 E 在＿＿＿上，点 D 在＿＿＿上。
（前两空已填，作为示例）

2-2 直线的投影

1. 判断下列直线与投影面的相对位置，并在下方横线上填写各直线的名称。

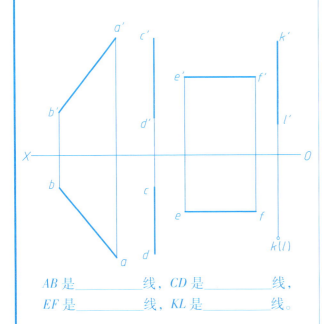

AB 是 _____ 线，CD 是 _____ 线，
EF 是 _____ 线，KL 是 _____ 线。

2. 作下列直线的三面投影：（1）水平线 AB，点 B 在点 A 左前方，$\beta=30°$，线段 AB 长 20mm；（2）正垂线 CD，点 D 在点 C 正后方，线段 CD 长 15mm。

(1)

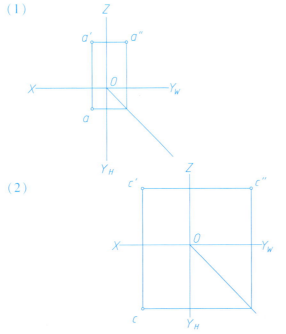

(2)

3. 在直线 AB 上取一点 C，使 AC:CB = 2:3，求点 C 的两面投影。

(1)

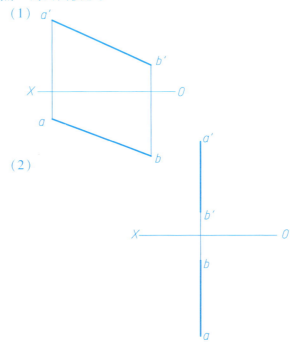

(2)

4. 由点 A 作直线 AB 与直线 CD 相交，并使交点距 H 面 10mm。

(1)

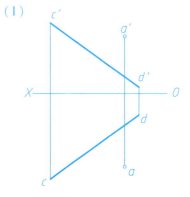

(2)

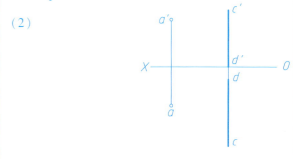

5. 已知 AB = AC，求点 C 的水平投影（作出所有解）。

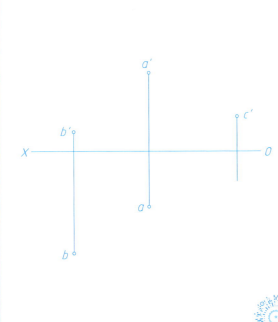

6. 判断两直线的相对位置（平行、相交、交叉），并填空。

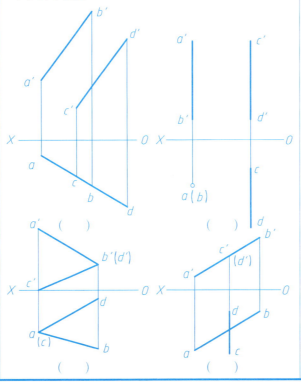

7. 作直线 MN 平行于直线 AB，且分别与直线 CD、EF 相交于点 M、N。

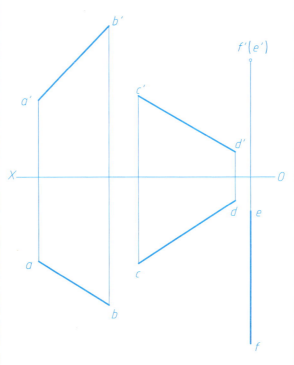

8. 作交叉两直线 AB、CD 的公垂线 MN。

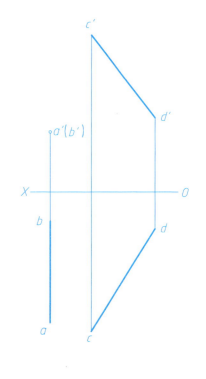

2-3 平面的投影

1. 判断下列各三角形是否为直角三角形（填"√"或"×"）。

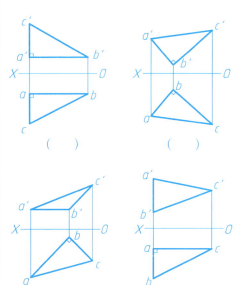

2. 已知平面图形的两面投影，求作第三面投影，并判断该平面是哪种特殊位置平面，在下方横线上填写名称。

（1） （2） （3）

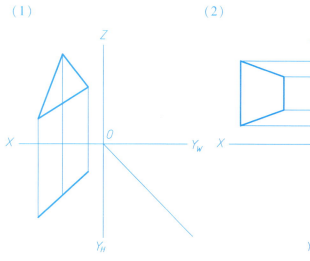

三角形是_____。 梯形是_____。 平面图形是_____。

3. 已知点 K 在由直线 AB 与点 C 所确定的平面内，试求其正面投影 k′，并判断点 M 是否在平面 ABC 内（填写"在"或"不在"）。

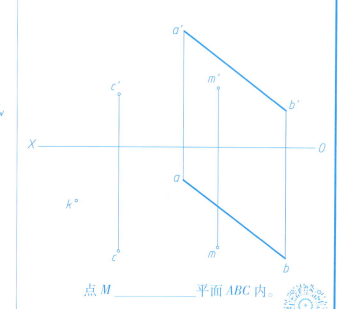

点 M _____ 平面 ABC 内。

4. 补画出平面图形 ABCDE 的水平投影。

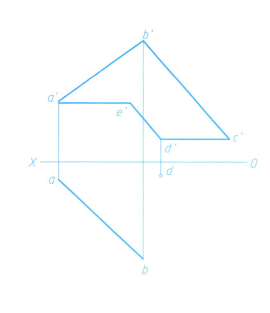

5. 在平面 ABC 内取一点 S，使其距 H 面 18mm，距 V 面 17mm。

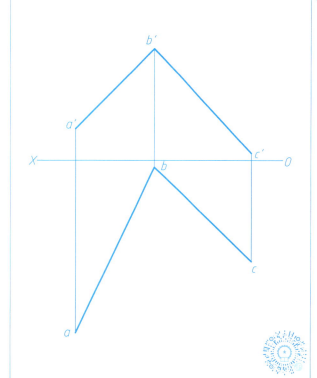

6. 已知 △EFG 在平面 ABCD 内，试求其水平投影。

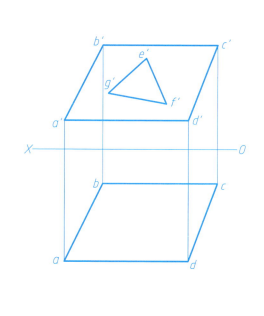

*7. 已知平面图形 ABCD 为一正方形，求作它的水平投影（只求一解）。

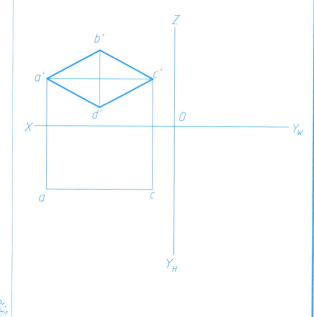

2-4 直线与平面、平面与平面的相对位置（一）

班级　　　姓名　　　学号

1. 求直线与平面的交点，并判断可见性。

（1）　　　　　（2）　　　　　（3）

2. 求两平面的交线，并判断可见性。

（1）　　　　　（2）

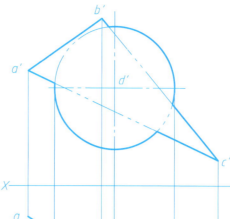
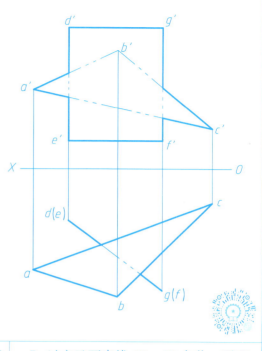

3. 已知直线 DE 与 △ABC 平行，作出直线 DE 的水平投影。

4. 已知 △ABC 与直线 EF 互相平行，求 △ABC 的水平投影。

5. 已知 △ABC 与 △DEF 平行，试作出 △ABC 的水平投影。

6. 过点 K 作平面与 △ABC 互相平行。

7. 过交叉两直线 AB、CD 各作一平面，使它们互相平行。

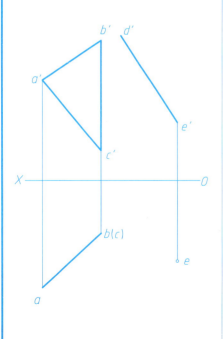
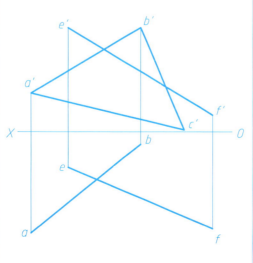
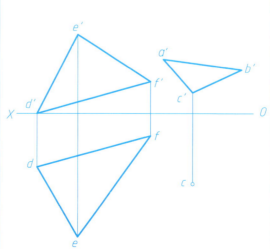
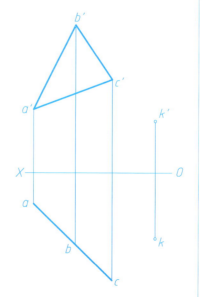
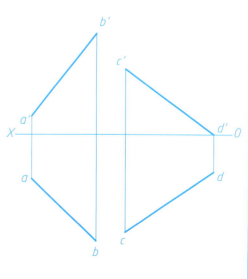

2-5 直线与平面、平面与平面的相对位置（二） 班级　　　姓名　　　学号

1. 求直线与平面的交点，并判断可见性。

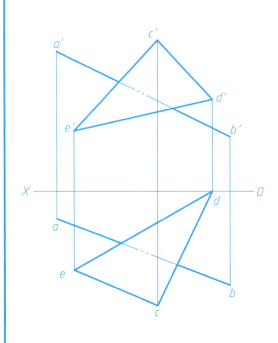

2. 过点 K 作一平面垂直于 △CDE，并平行于直线 AB。

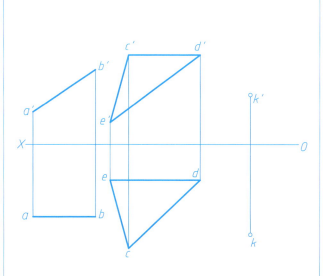

3. 过点 A 作直线 AB，与直线 CD 相交于点 B，且与 △EFG 互相平行。

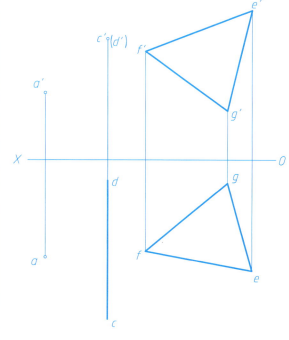

4. 判断下列各图中的直线与平面或两平面的相对位置（平行、垂直），并填空。

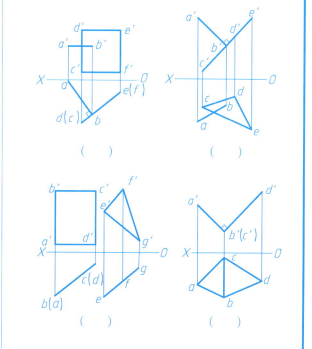

（　　）　　（　　）

（　　）　　（　　）

5. 求两个一般位置平面的交线，并判断可见性。

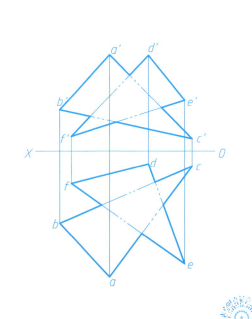

6. 已知 △EFG 与 △ABC 所在平面互相垂直，请补全 △EFG 的水平投影。

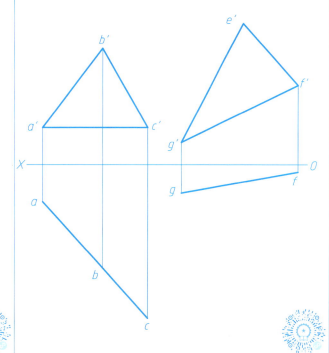

7. 求作水平线 AB，平行于平面 PQR，且分别与直线 EF、GH 相交于点 A、B。

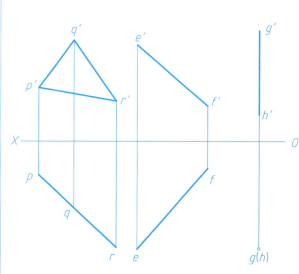

*8. 已知直角 △ABC 的一直角边 BC 在正平线 BD 上，点 A 在直线 EF 上，斜边 AC 平行于 △KLM，请补全 △ABC 的两面投影。

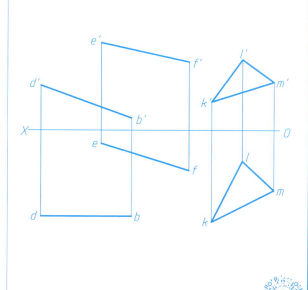

2-6 用换面法求解点、直线、平面间的定位和度量问题（一）

班级　　　姓名　　　学号

1. 求直线 AB 的实长及其对 V 面的倾角 β。

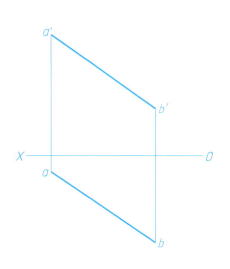

2. 求 $\triangle ABC$ 的实形及其对 H 面的倾角 α。

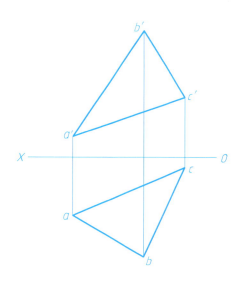

3. 已知 $\angle BAC$ 为 $60°$，试求直线 AC 的正面投影。

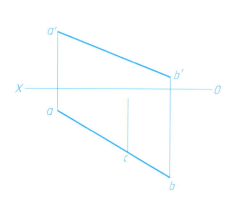

4. 已知直线 DE 平行于 $\triangle ABC$，且与 $\triangle ABC$ 的距离为 15mm，求直线 DE 的正面投影（只求一解）。

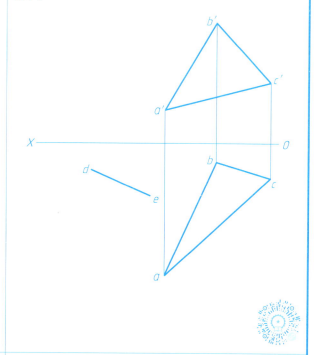

5. 以 AB 为底作等腰 $\triangle ABC$，已知其高为 25mm，且与 H 面的夹角为 $45°$（只求一解）。

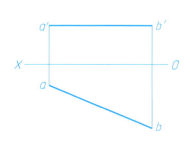

6. 求水平线 AB、CD 之间的距离及其在 V、H 面上的投影。

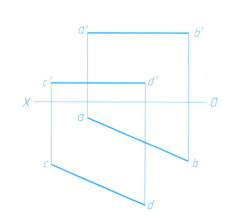

7. 完成以 AB 为底的等腰 $\triangle ABC$ 的水平投影。

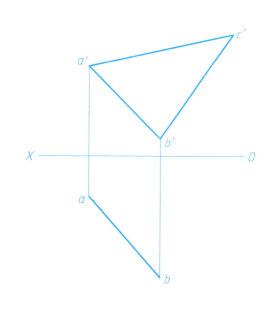

8. 已知点 D 到平面 $\triangle ABC$ 的距离为 20mm，求 $\triangle ABC$ 的正面投影。

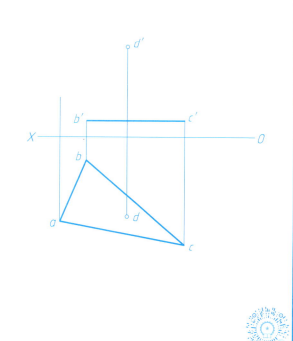

2-7 用换面法求解点、直线、平面间的定位和度量问题（二） 班级　　姓名　　学号

1. 已知直线 AB∥CD，求作：（1）点 K 到直线 AB、CD 的距离；（2）直线 AB 与 CD 之间的距离。

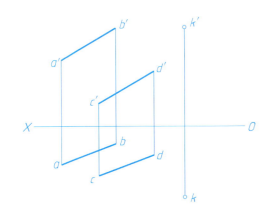

2. 已知直线 AB∥CD，且两直线之间距离为定长 L，用换面法求直线 CD 的正面投影。本题有几个解？请作出所有解。

3. 在 △ABC 内找一点 K，使点 K 距点 A 15mm，距点 B 25mm。

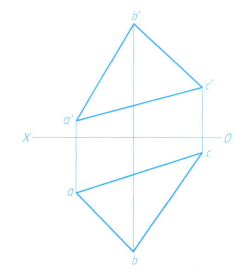

4. 已知直线 MN，当点 N 绕点 M 在垂直于 △ABC 的平面内摆动多大的 θ 角时，点 N 与 △ABC 接触？试确定接触点 S，并标出该 θ 角。

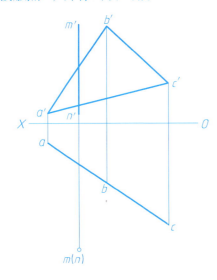

5. 已知顶点 C 在直线 AB 上，补全以 CD 为底的等腰 △CDE 的两面投影（用两种方法求解）。
（1）　　　　　　　　　　　　　（2）

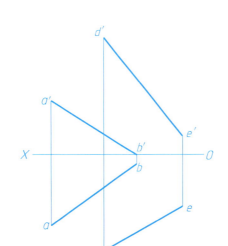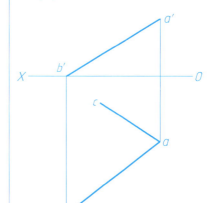

6. 已知矩形 ABCD 中一边 AB 的两个投影和其邻边的一个投影，试补画完全该矩形的投影图（用两种方法求解）。
（1）　　　　　　　　　　　　　（2）

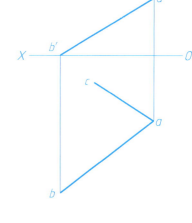

第三章 基本体的投影及表面交线

3-1 基本体表面取点

班级　　　姓名　　　学号

1. 补画正六棱柱的左视图，并作出表面上各点的投影（不可见的点加括号）。

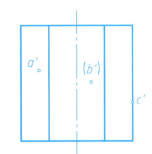
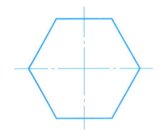

2. 补画正四棱台的左视图，并作出表面上各点的投影（不可见的点加括号）。

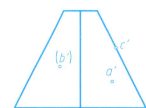
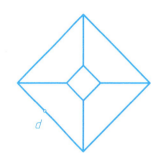

3. 补画圆柱的俯视图，并作出表面上各点的投影（不可见的点加括号）。

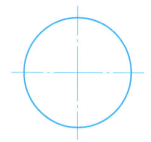

4. 作出圆锥表面上各点的投影（不可见的点加括号）。

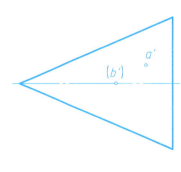
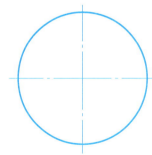
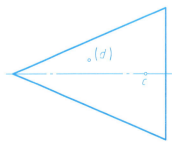

5. 补画半圆球的左视图，并作出表面上各点的投影（不可见的点加括号）。

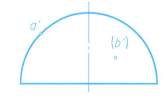
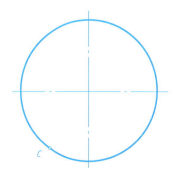

6. 作出曲面立体表面上各点的投影（不可见的点加括号）。

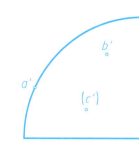

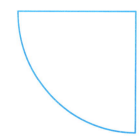

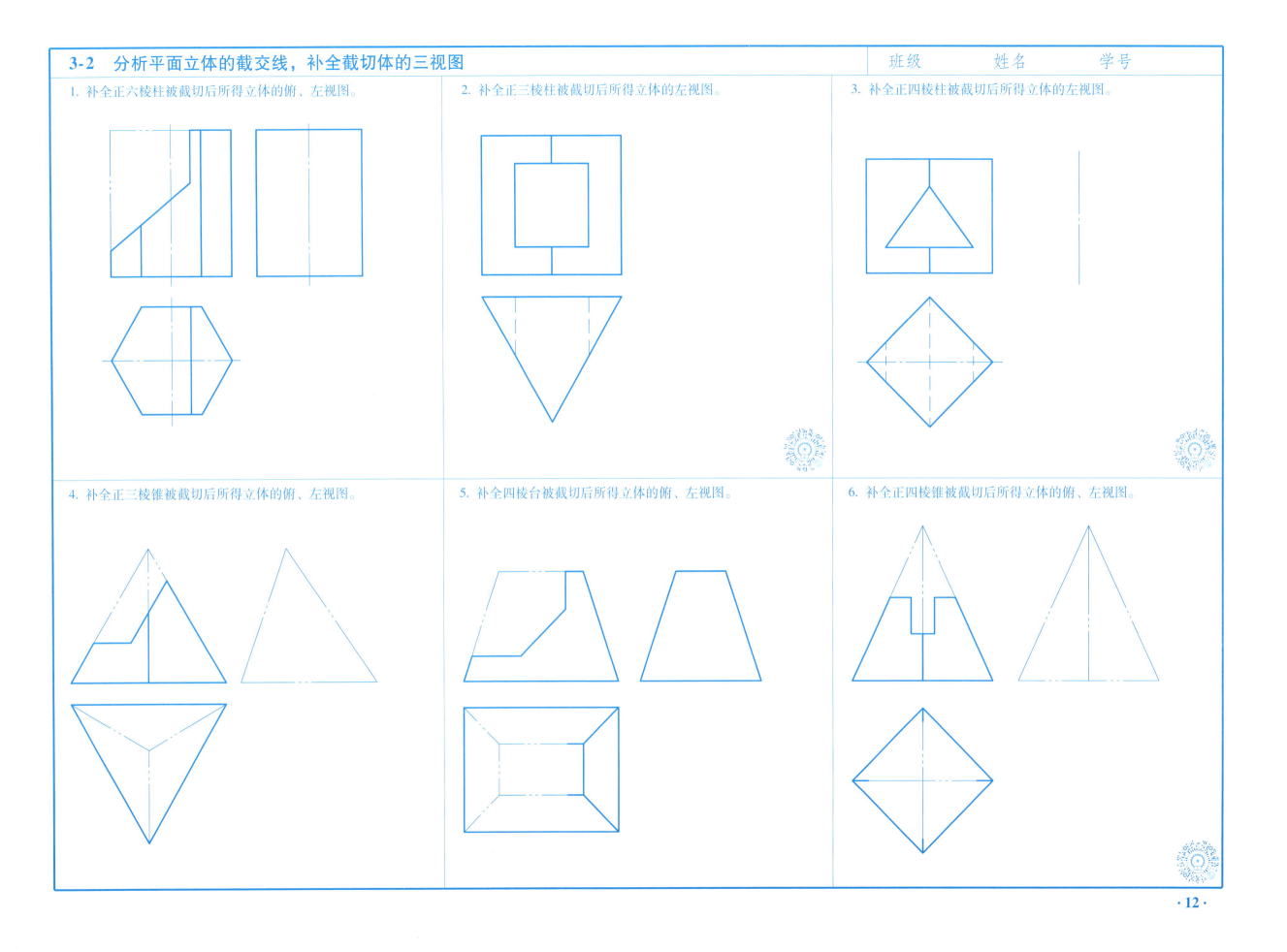

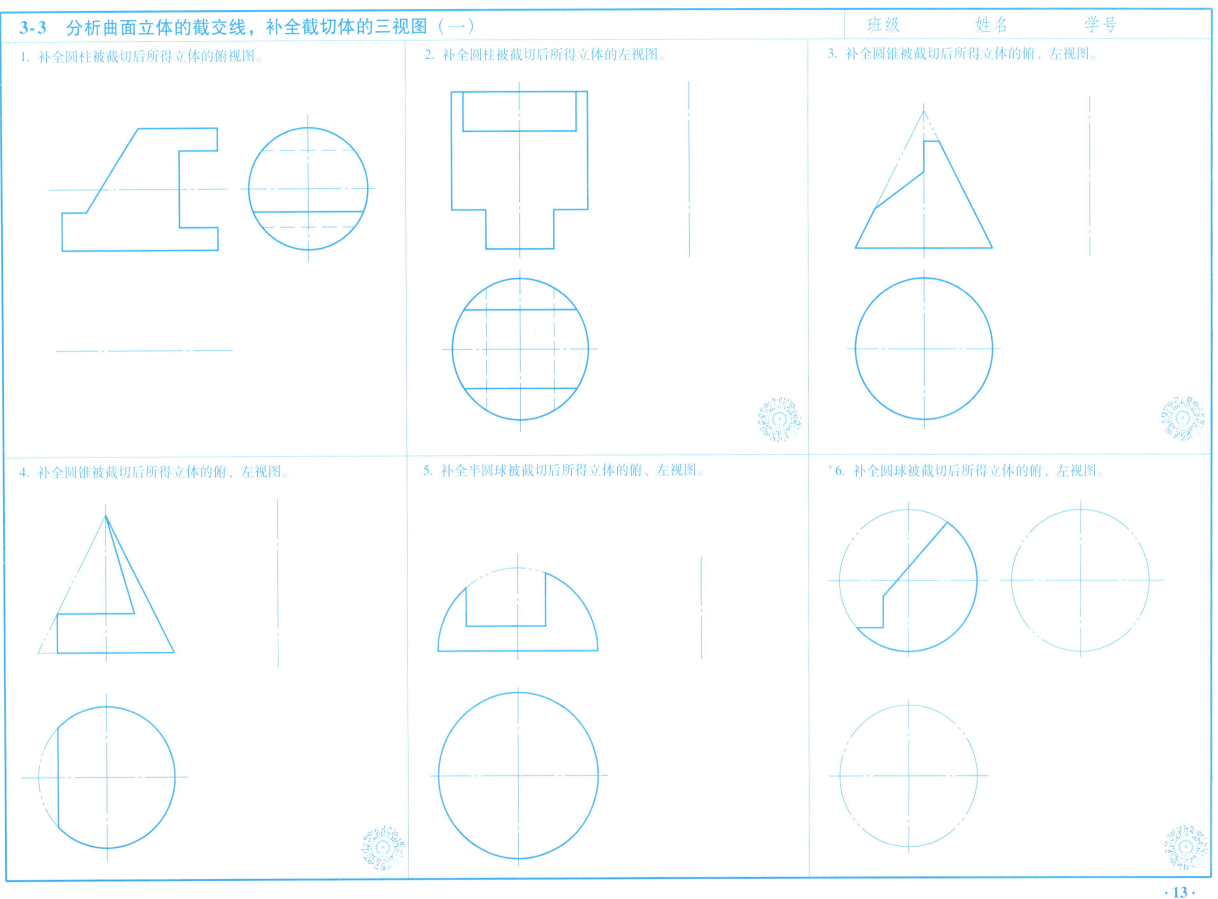

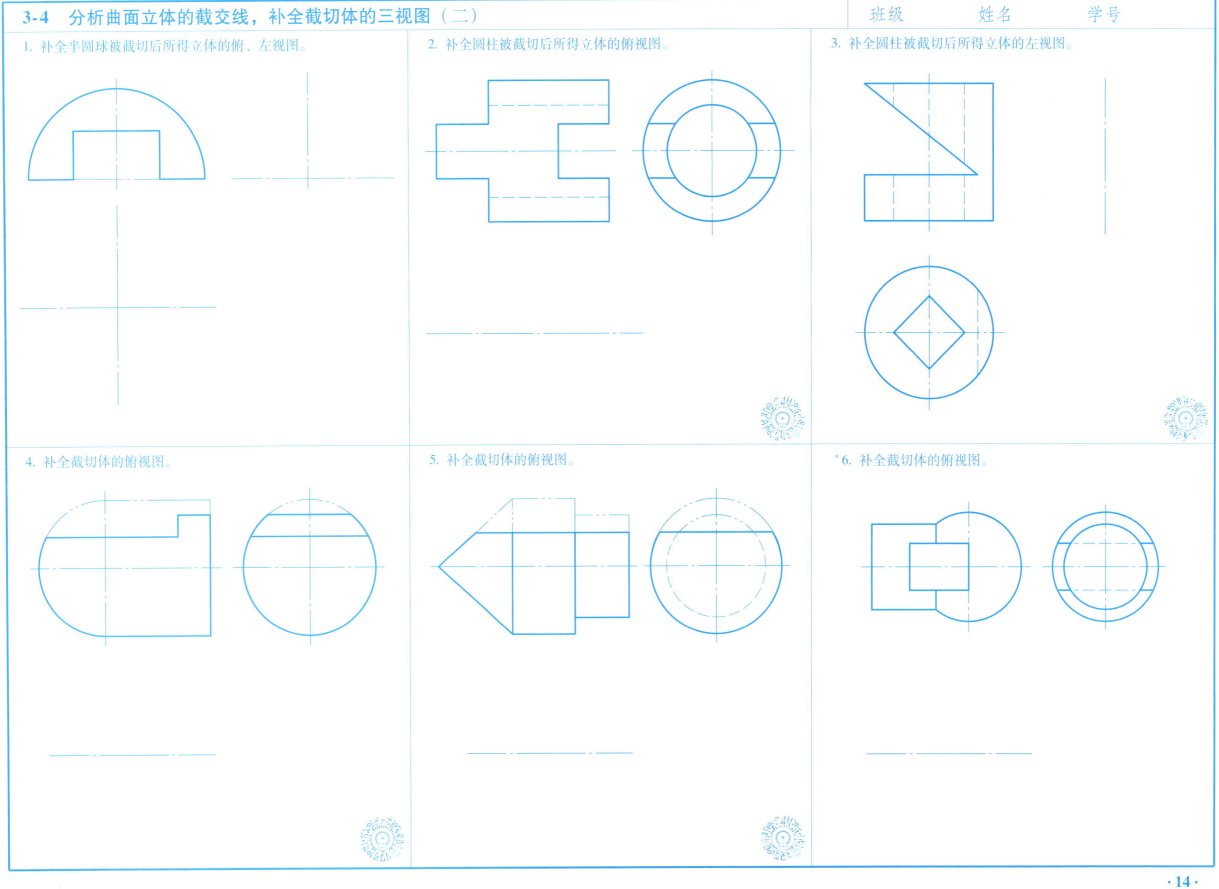

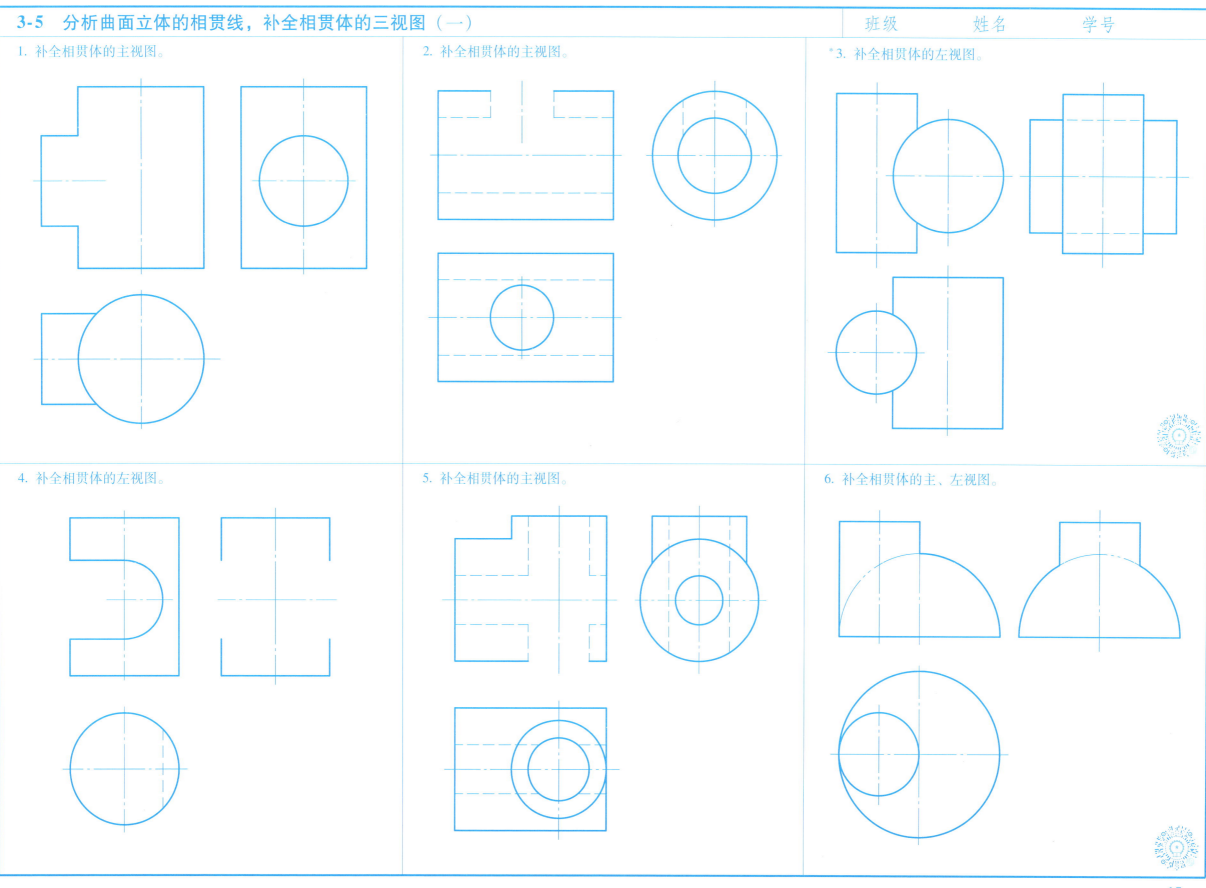

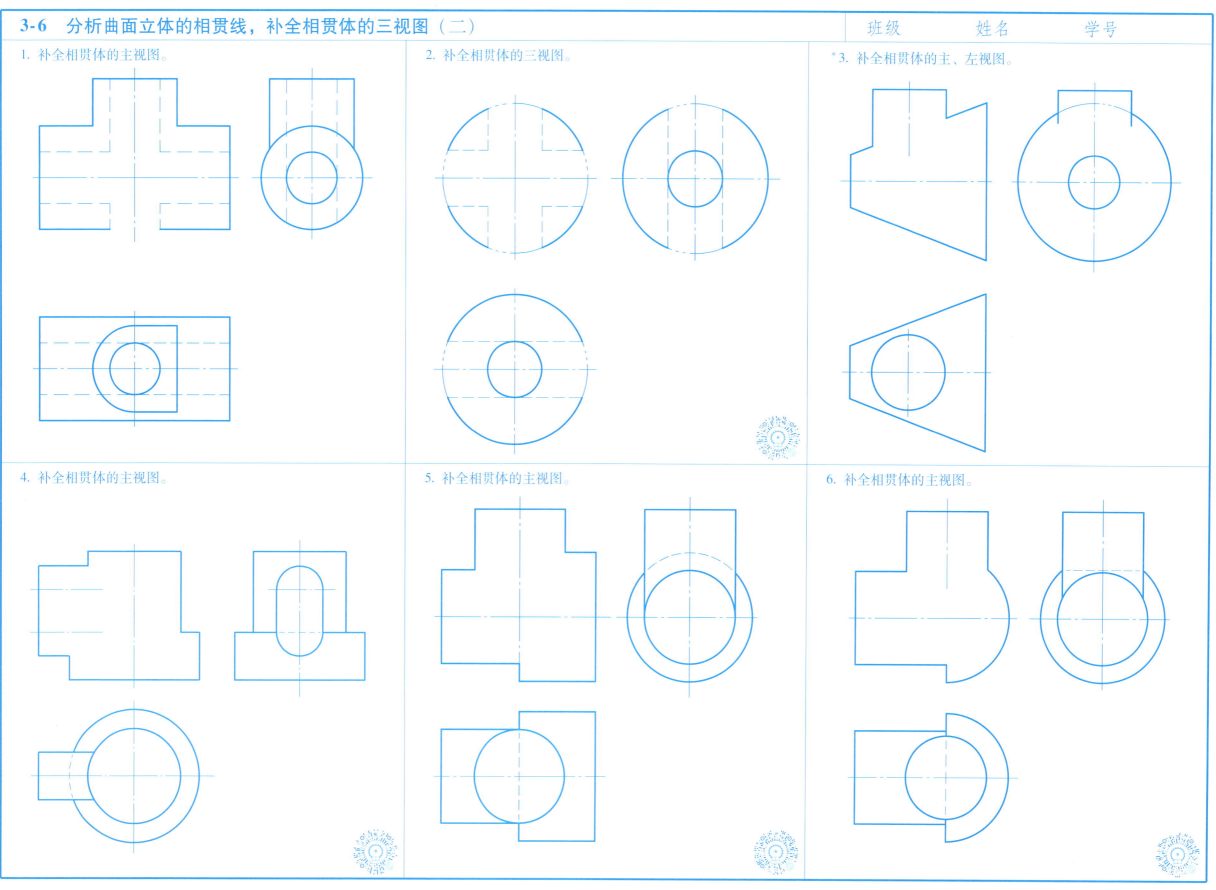

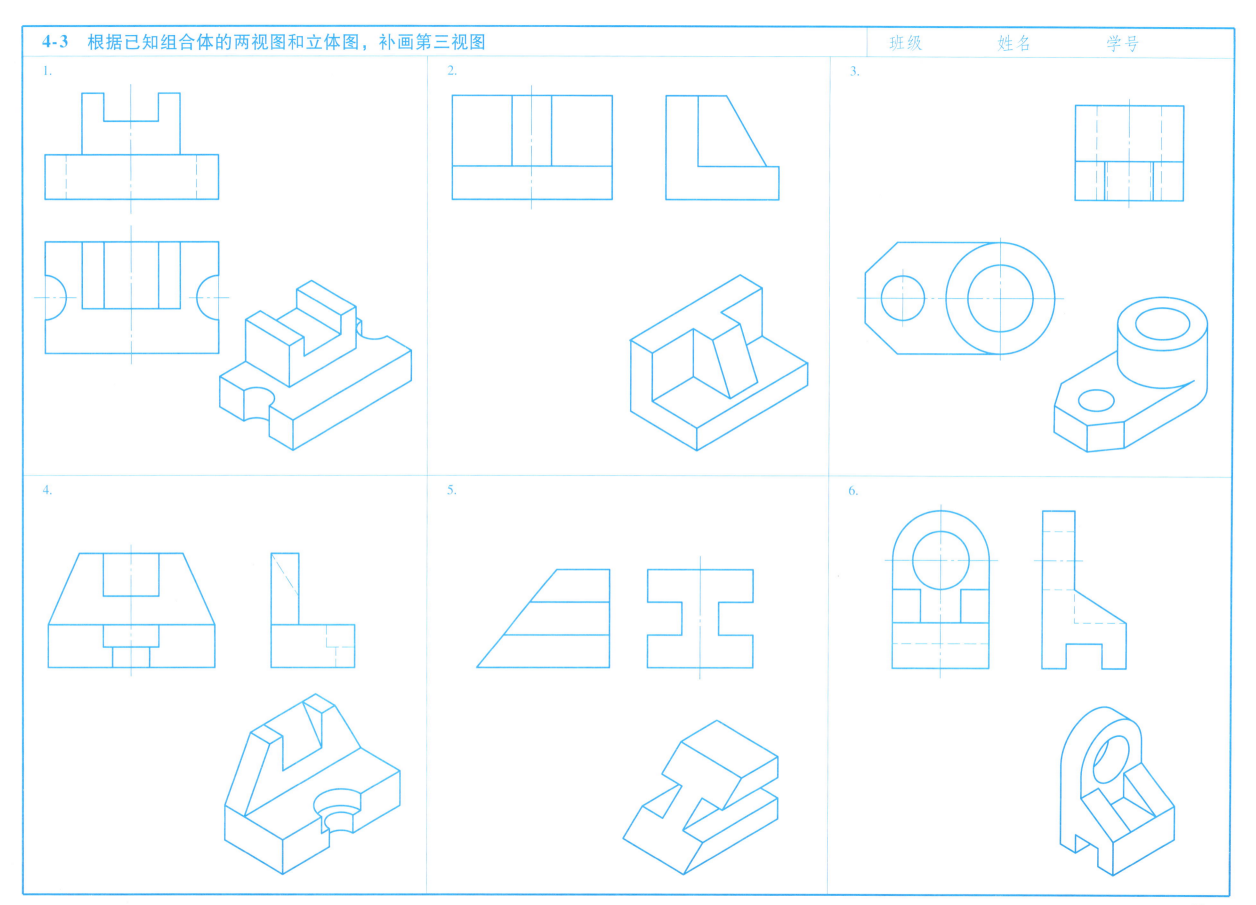

4-4 根据立体图中标注的尺寸，按 1∶1 的比例作出组合体的三视图

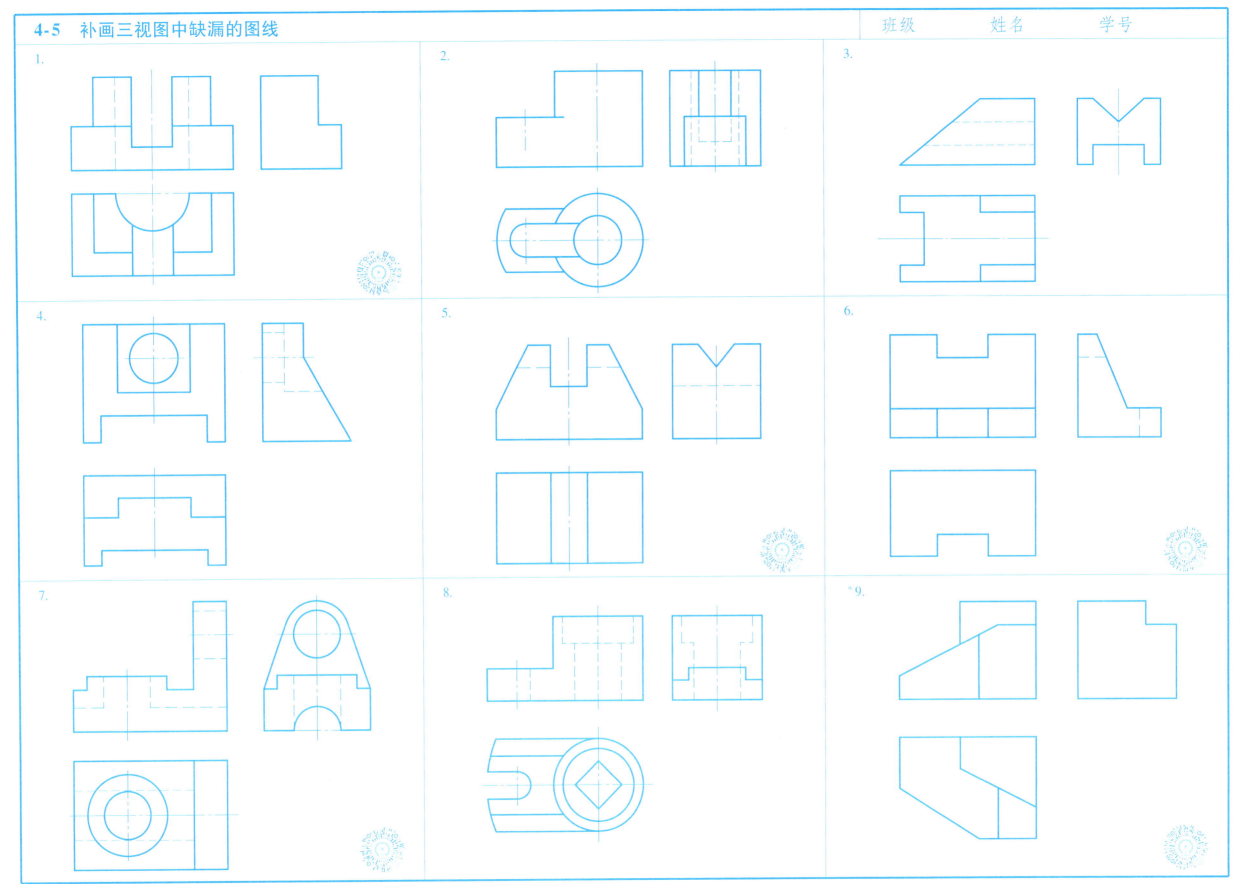

4-6 读组合体视图

1. 已知已组视图中俯视图相同，而主视图不同。请找出相应的左视图，并将序号填入下方表格中。

已知主、俯视图序号	1	2	3	4	5	6	7
对应的左视图序号	C						

2. 已知已组视图中的主视图，请选出对应的俯视图和左视图，并将序号填入下方表格中。

已知主视图序号	1	2	3	4	5	6	7
对应的俯视图序号	D						
对应的左视图序号	c						

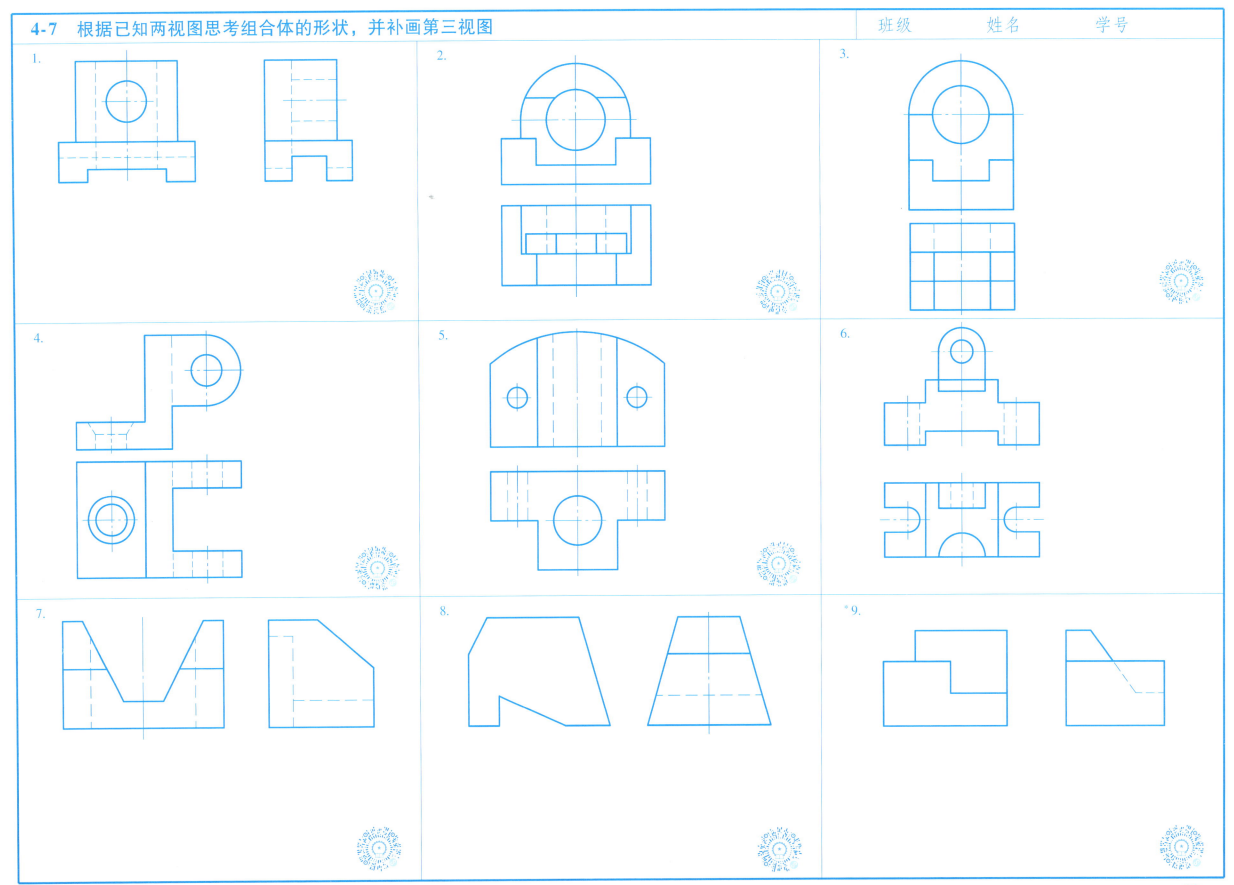

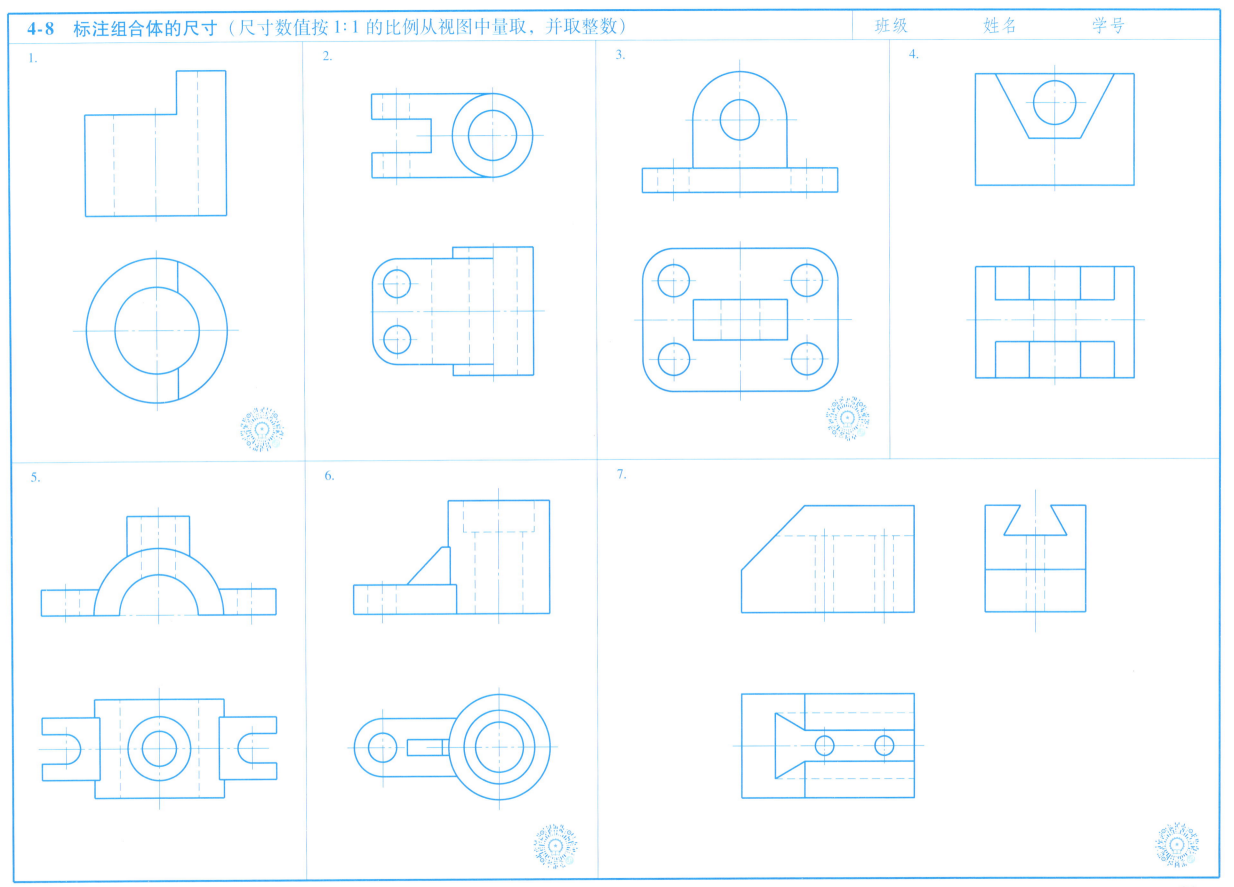

4-9　根据已知的视图，构思不同形状的组合体，补画另两个视图　　　　班级　　　姓名　　　学号

1. 已知主视图，补画俯、左视图。

（1） 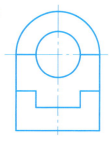　　　（2） 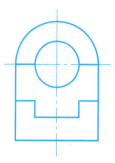　　　（3）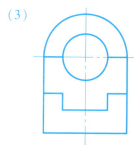

2. 已知俯视图，补画主、左视图。

（1） 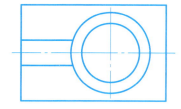　　　（2） 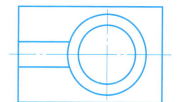　　　（3）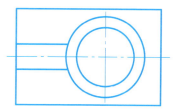

3. 已知左视图，补画主、俯视图。

（1） 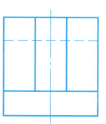　　　（2） 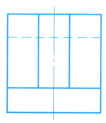　　　（3）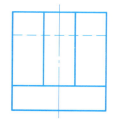

5-2 作出立体的正等和斜二等轴测图

班级　　　姓名　　　学号

1. 作出立体的正等轴测图。

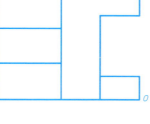

2. 作出立体的斜二等轴测图。

3. 作出立体的斜二等轴测图。

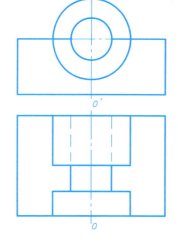

4. 作出立体的斜二等轴测图。

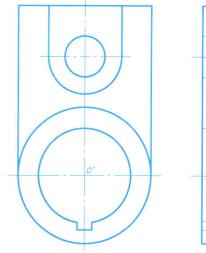
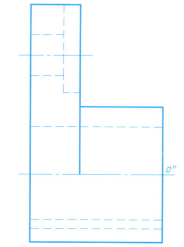
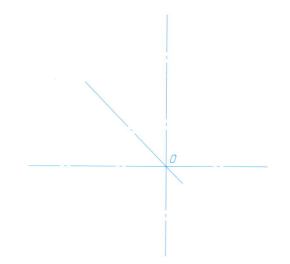

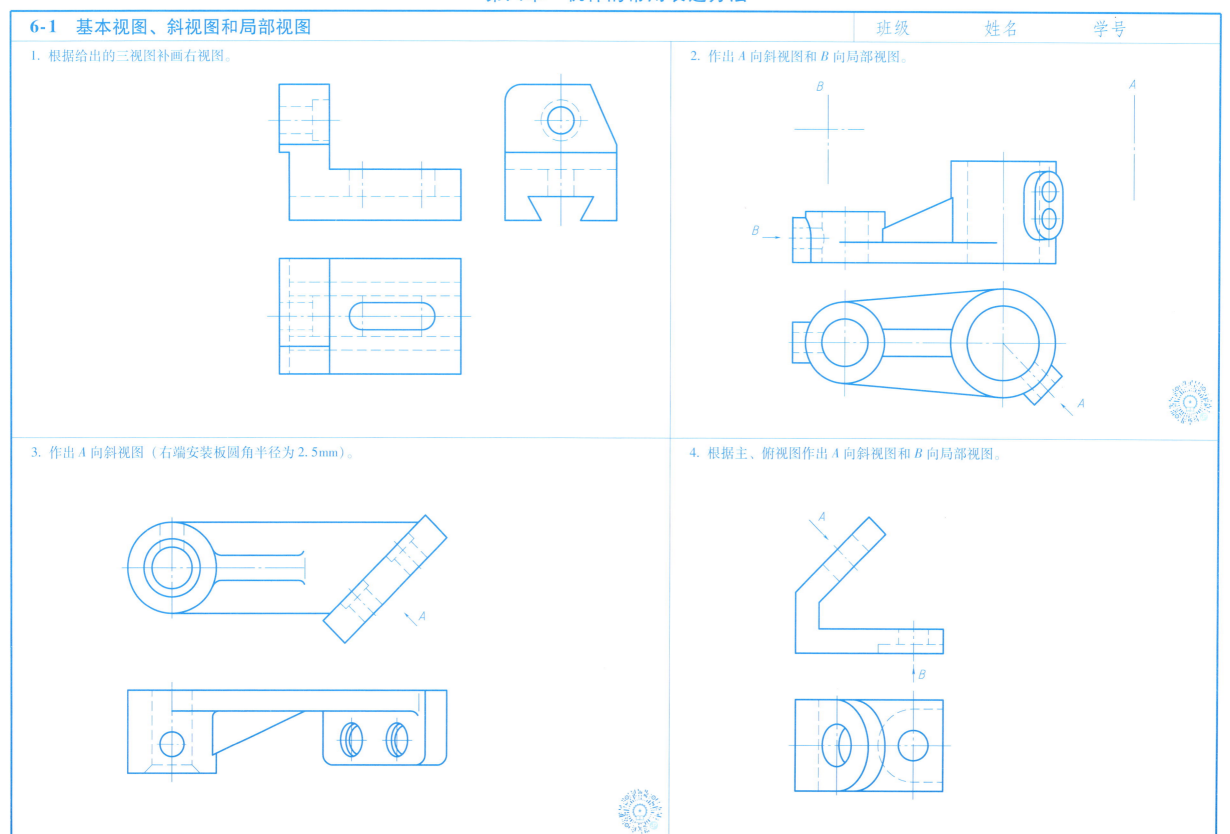

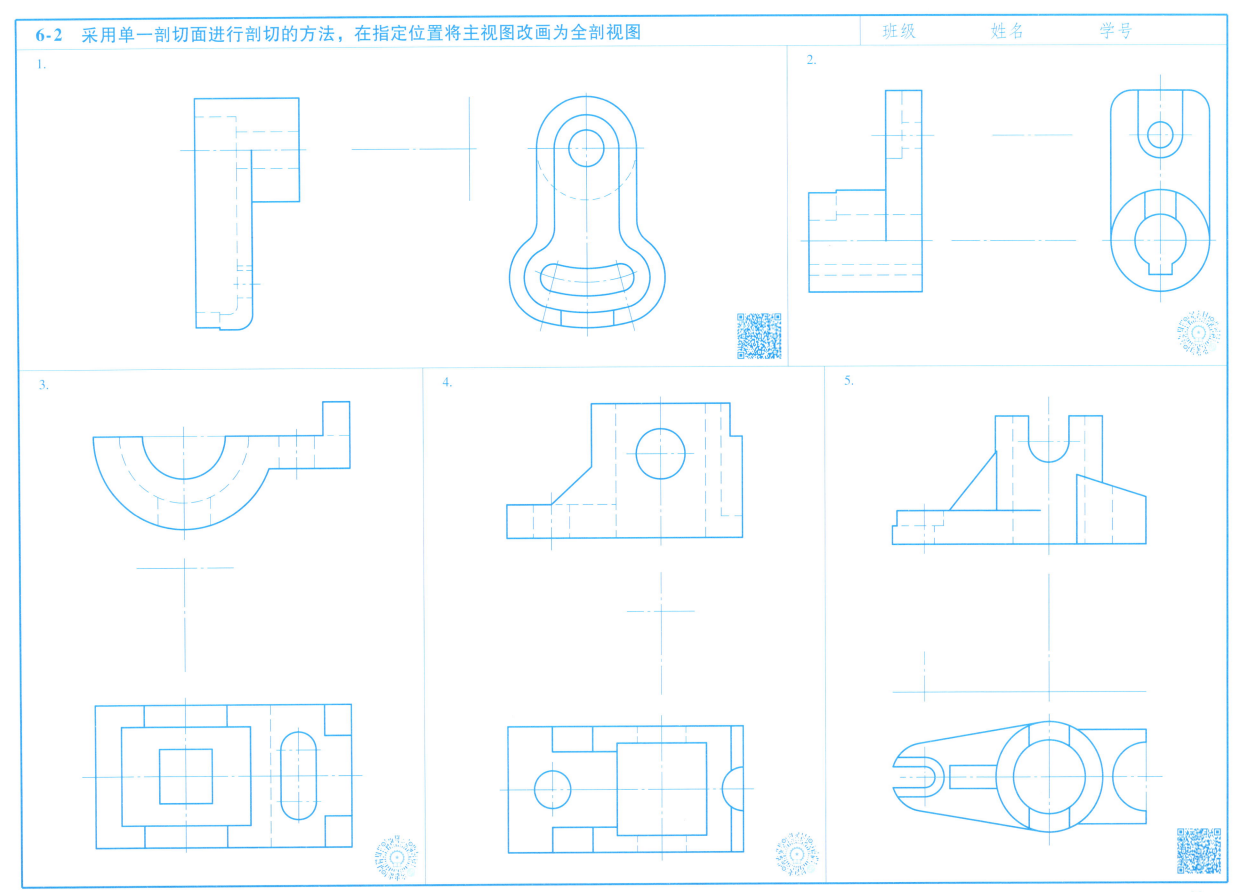

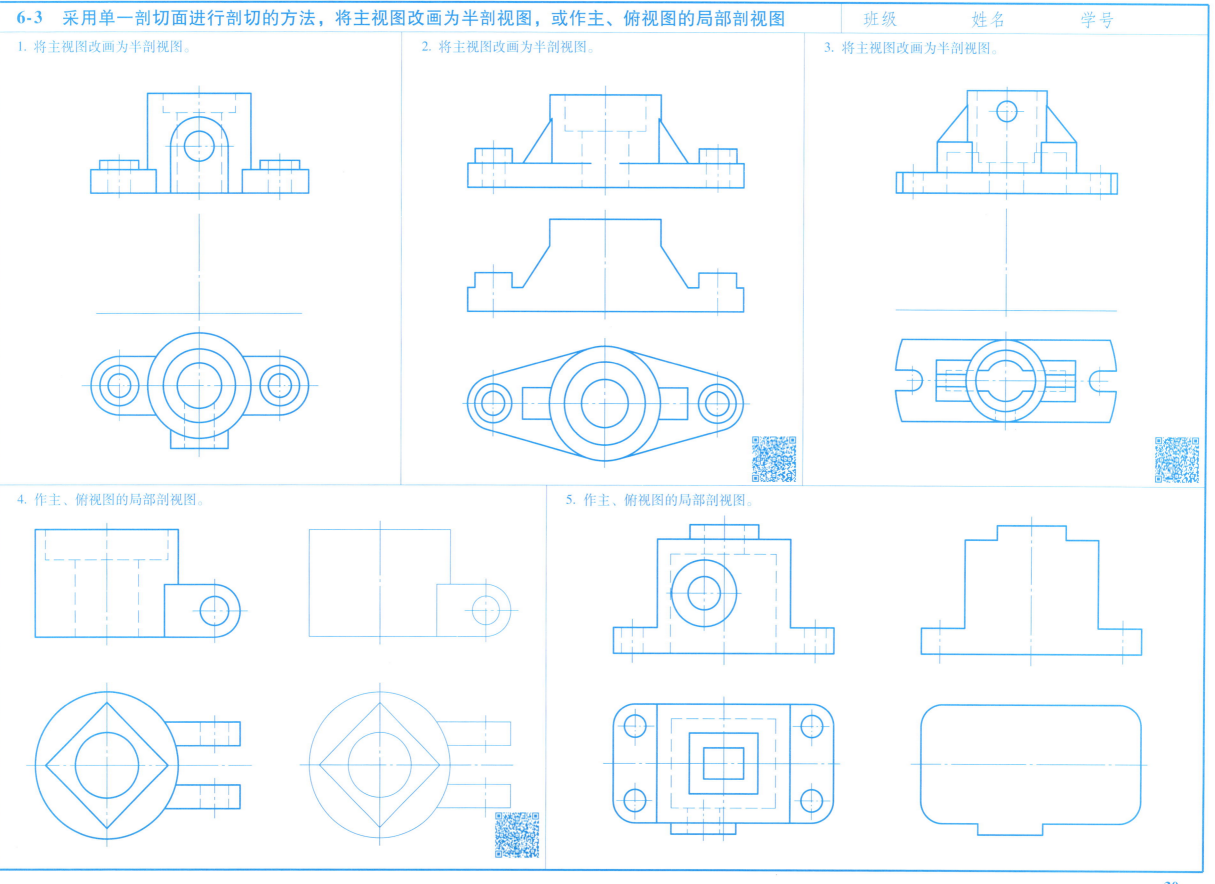

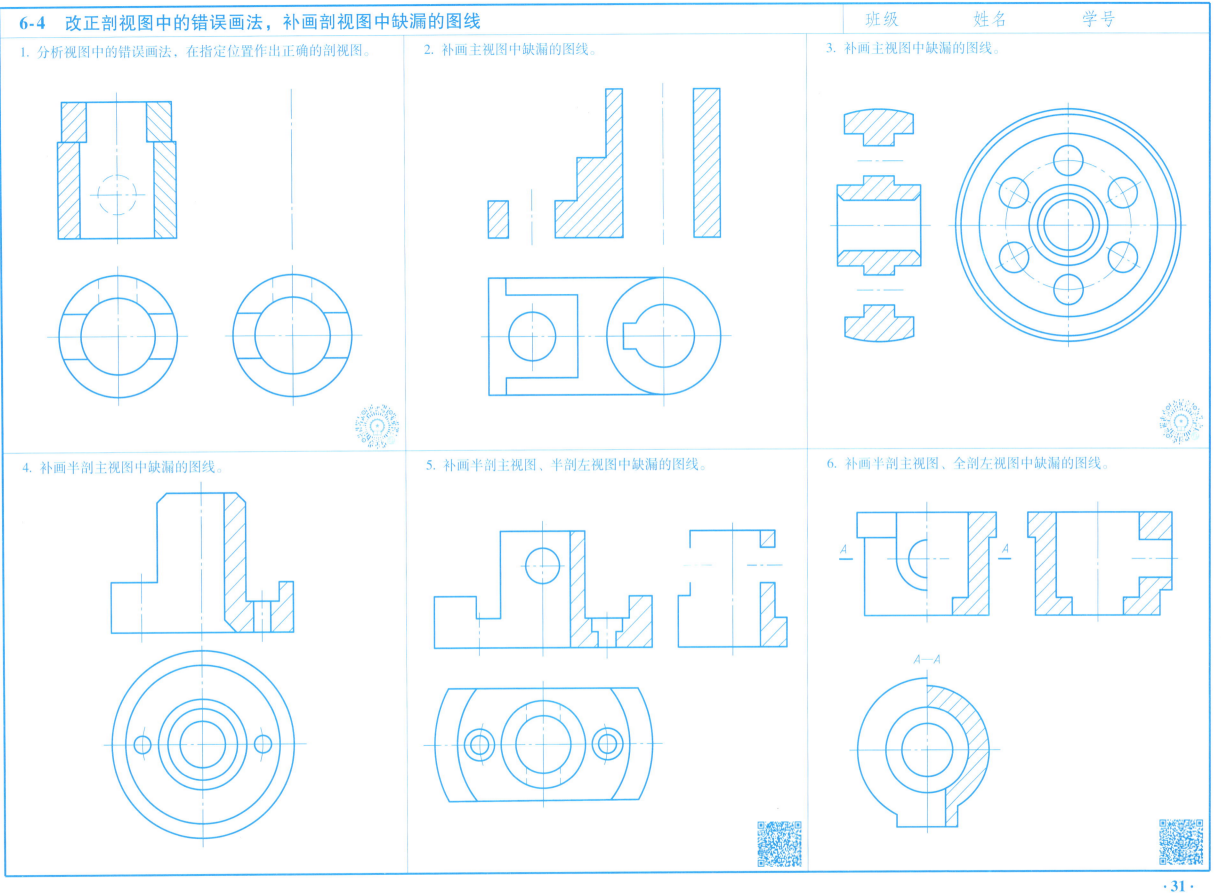

6-5 采用不同的剖切方法作剖视图 　　　　班级　　　　姓名　　　　学号

1. 采用不平行于任何基本投影面的单一剖切面进行剖切的方法作全剖视图，并作标注。

2. 采用几个互相平行的剖切面进行剖切的方法作全剖视图。

3. 在指定位置将主视图改画成 A—A 全剖视图。

4. 采用一组含相交、平行的剖切面进行剖切的方法作全剖视图。

5. 采用相交的剖切面进行剖切的方法作全剖视图，并作标注。

6. 在指定位置将主视图改画成 A—A 全剖视图。

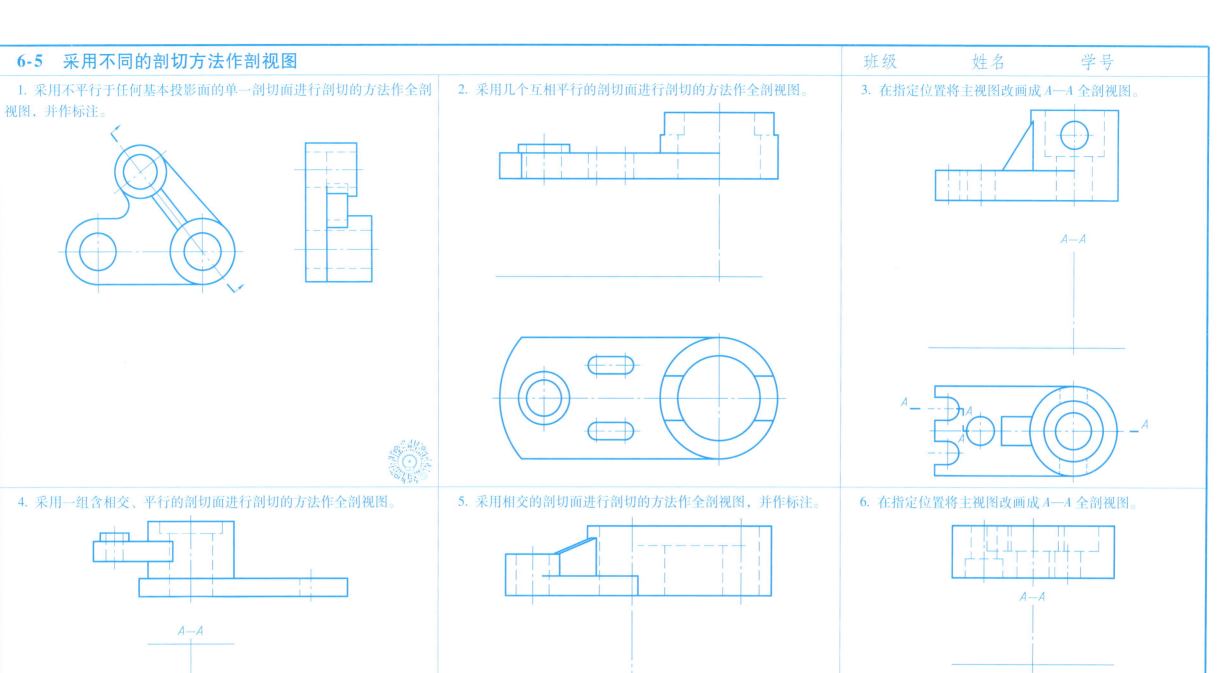

6-6 按要求作出下列断面图   班级   姓名   学号

1. 作出指定位置的断面图。

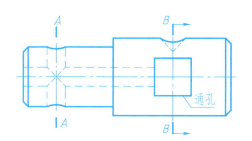

2. 作出指定位置的断面图（键槽深4mm）。

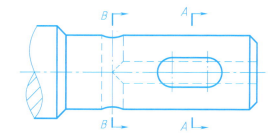

3. 作出指定位置的断面图（键槽深4mm）。

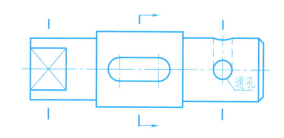

4. 在指定位置作重合断面图。

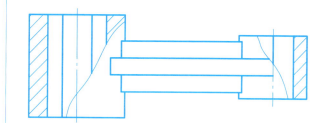

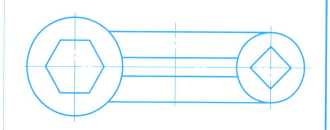

5. 在指定位置作移出断面图。

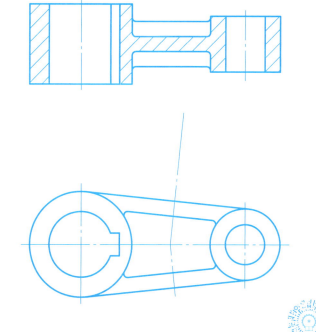

6. 作 A—A 移出断面图。

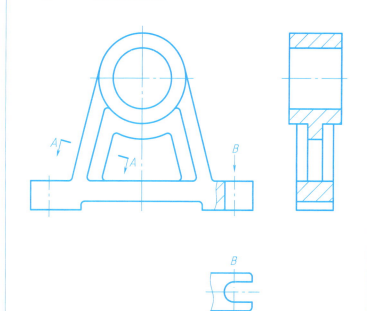

7. 作出 A 向局部视图和 B—B 断面图。

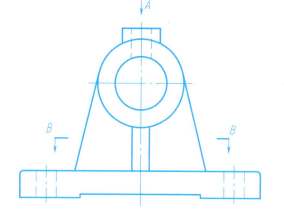

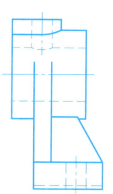

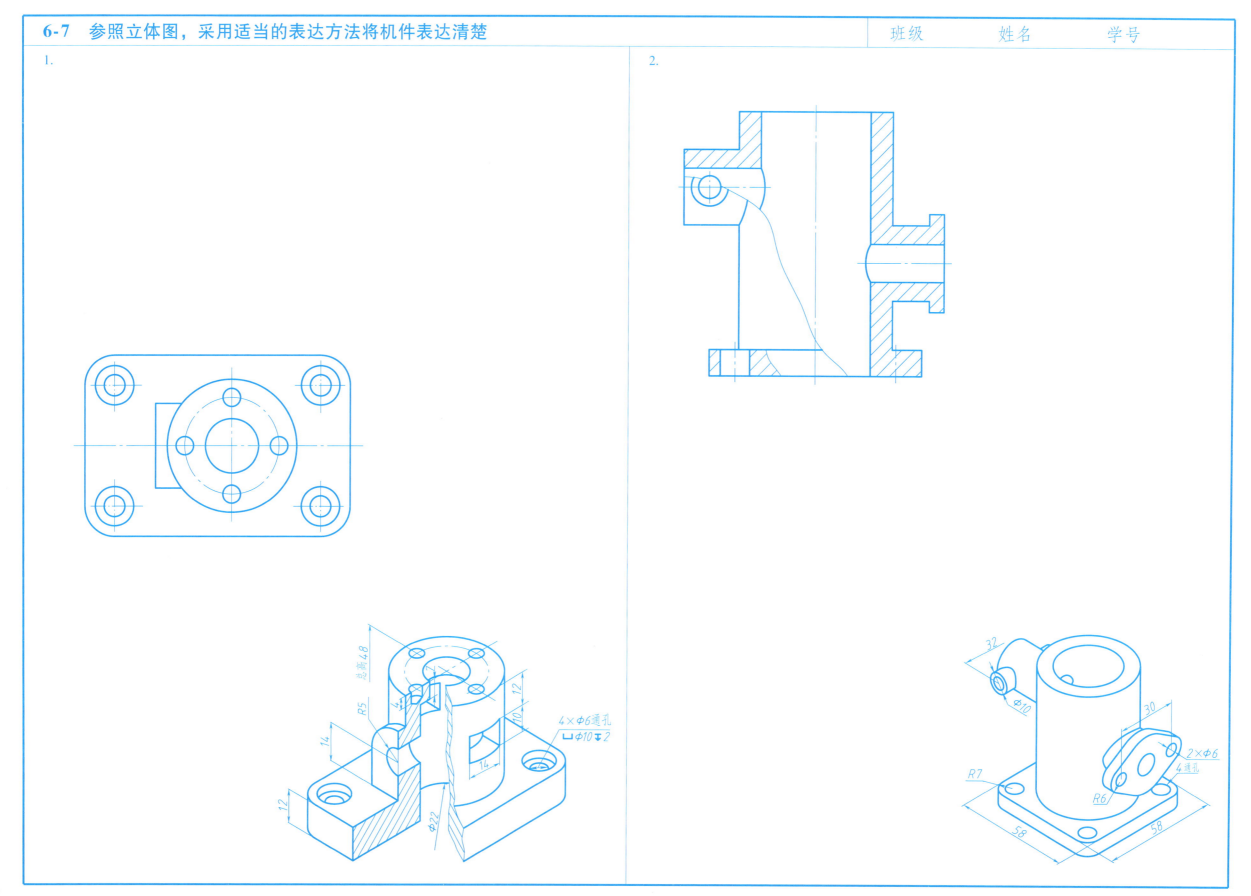

第七章 计算机绘图

7-1 按 1:1 的比例用 AutoCAD 绘制下列各图（不必标注尺寸）　　班级　　姓名　　学号

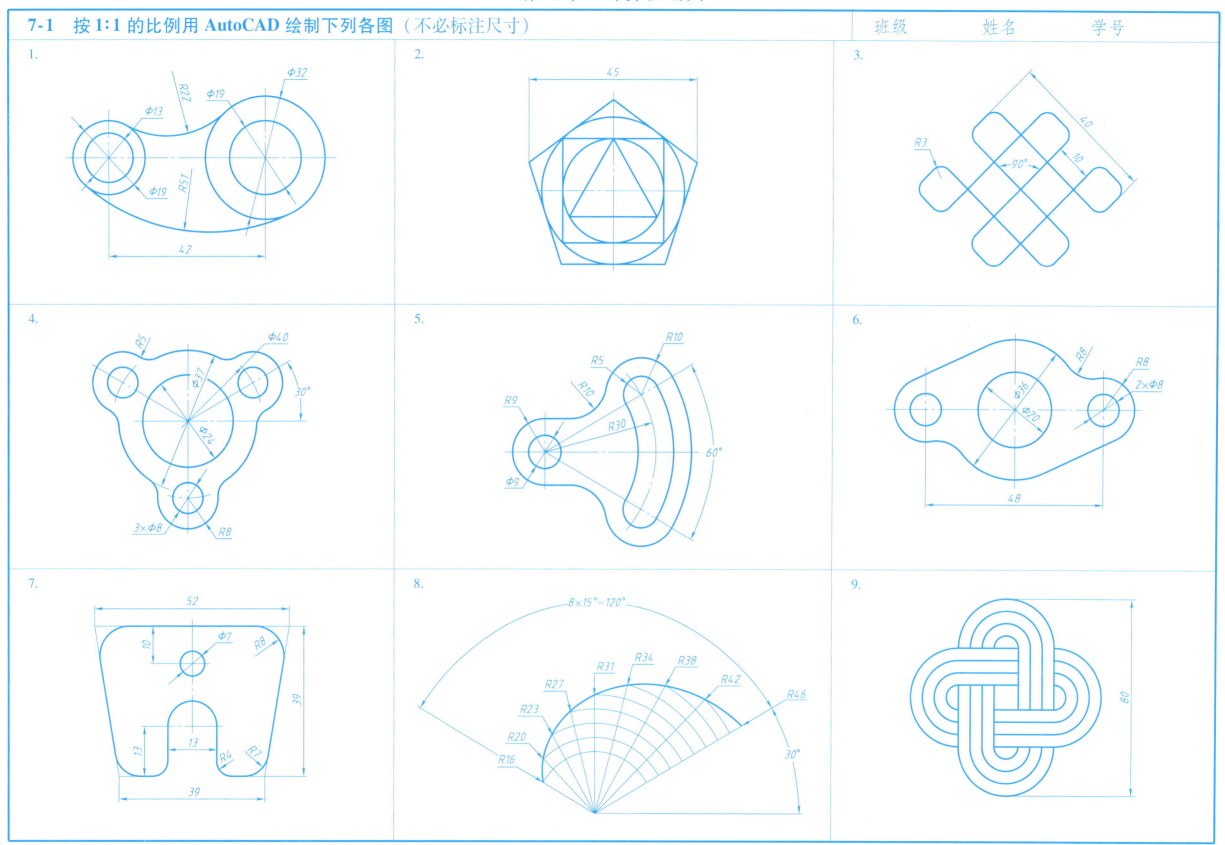

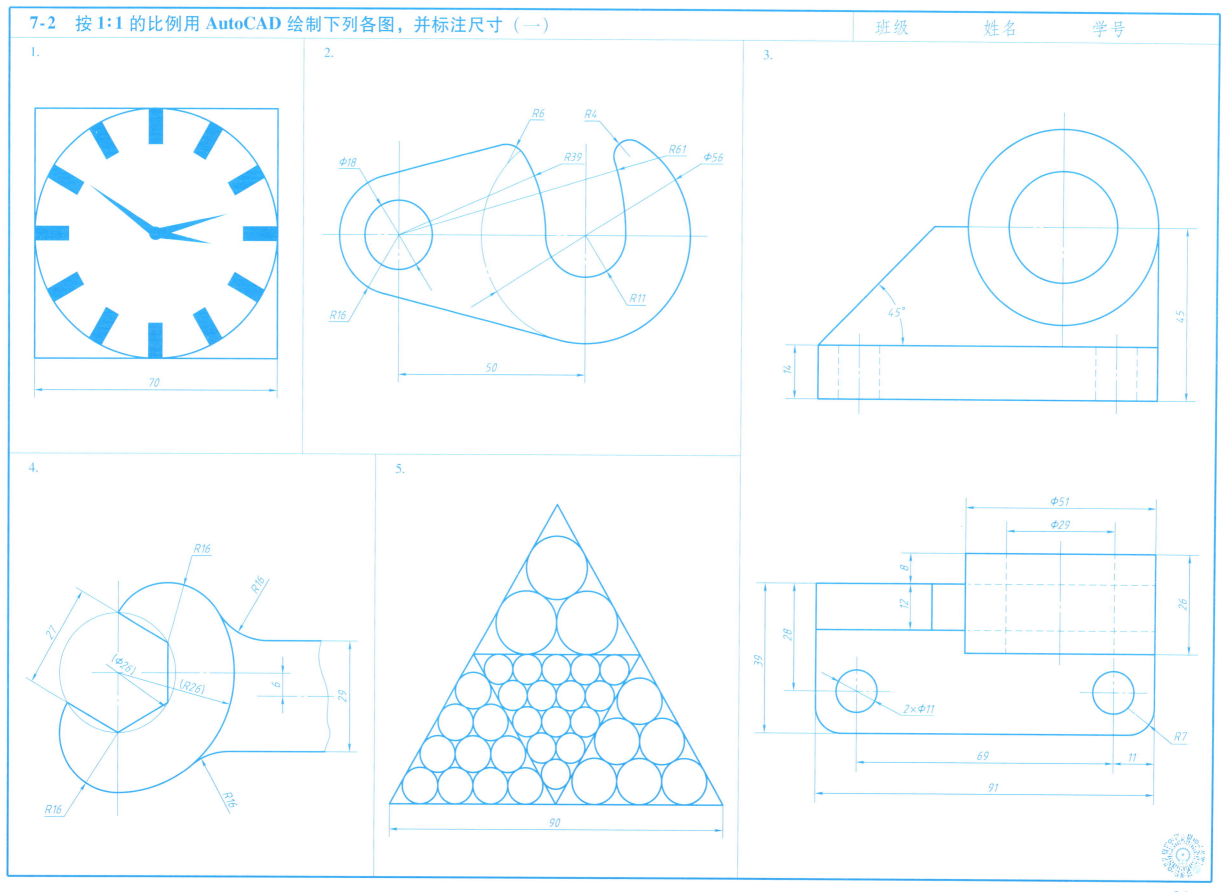

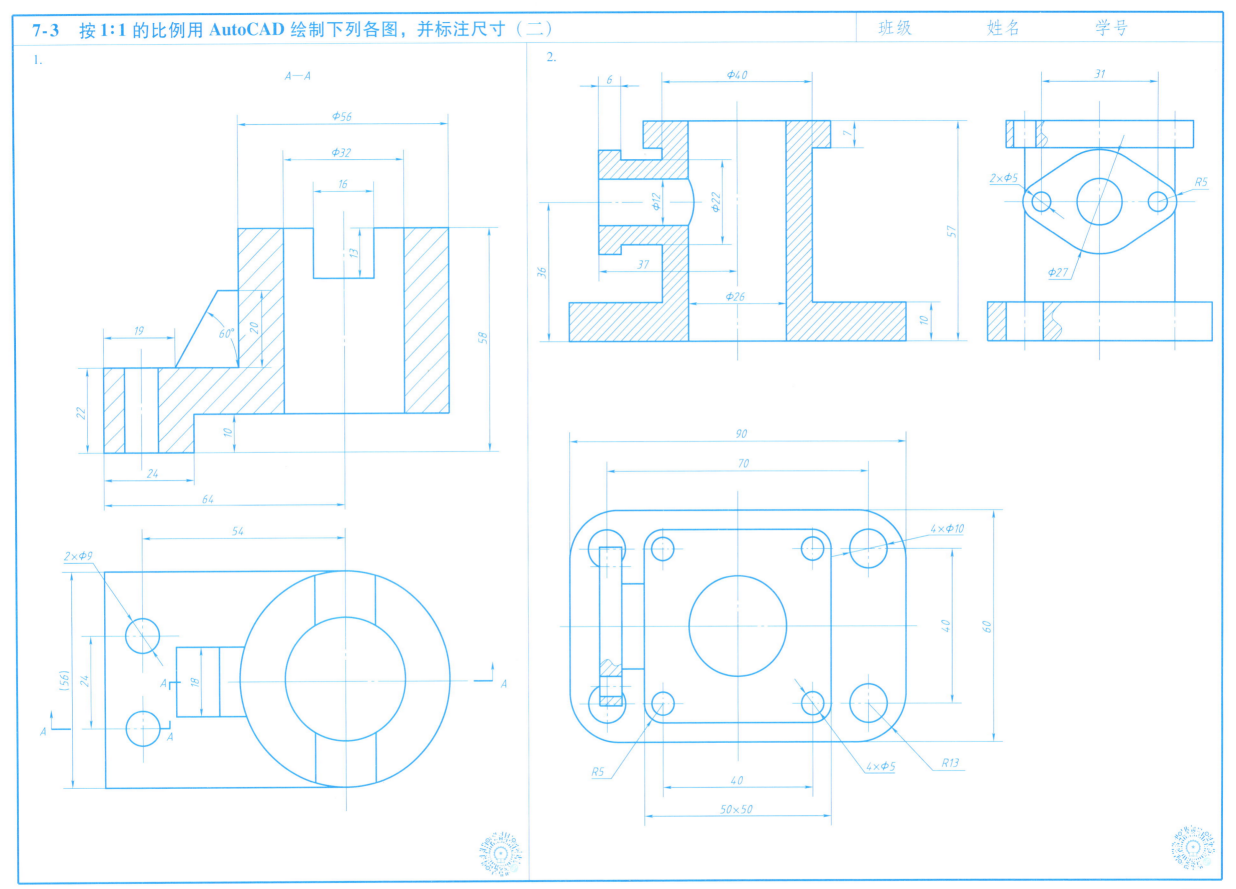

考试样卷

题号	一	二	三	四	五	六	七	八	九	十	十一	十二	总得分	审核人
得分														

一、选择题。(5分)

1. AutoCAD 样本图形文件的后缀名为( )。
   A. dwg   B. dws   C. dxf   D. dwt
2. 在 AutoCAD 中输入直径符号的命令为( )。
   A. %%C   B. %%U   C. %%P   D. %%D
3. 在 AutoCAD 中图形窗口和文本窗口的快速切换键为( )。
   A. 〈Enter〉键   B. 〈F2〉键   C. 〈Esc〉键   D. 〈F1〉键
4. 在 AutoCAD 中绘制一组同心圆可以用( )命令。
   A. 复制   B. 移动   C. 偏移   D. 拉伸
5. AutoCAD 中填充的剖面线与默认方向相反时,角度应设置为( )。
   A. 45°   B. 90°   C. 30°   D. 60°

二、判断两直线的相对位置(平行、相交、交叉)。(6分)

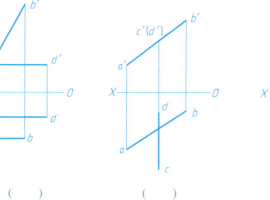

( )   ( )   ( )

三、补全平面图形 *ABCDEF* 的正面投影。(6分)

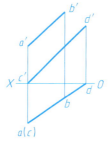

四、作直线 *MN*,与已知直线 *AB*、*CD* 都相交,且平行于直线 *EF*。(8分)

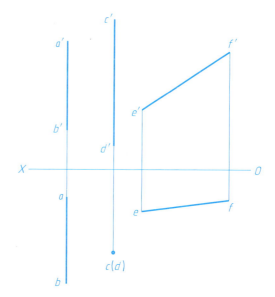

五、完成正四棱锥被截切后所得立体的俯视图和左视图。(9分)

七、补画主视图中的相贯线。(8分)

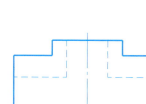

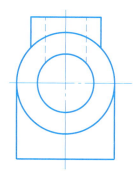

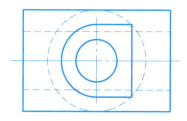

六、完成圆柱被截切后所得立体的俯视图和左视图。(10分)

八、根据主、俯视图补画左视图 (9分)

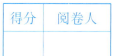

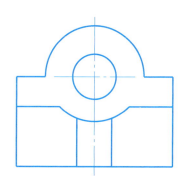

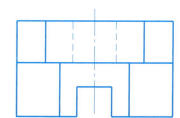

九、补全组合体的尺寸（取整数）。(8分)

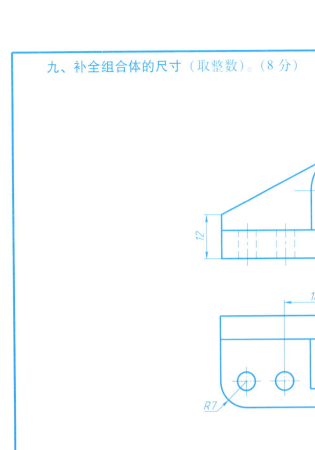

十一、在指定位置作出机件的 A—A 剖视图。(12分)

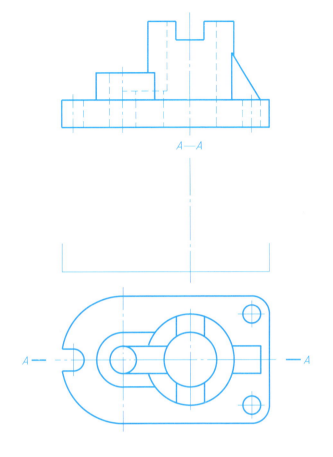

十、根据组合体的三视图作出正等轴测图。(10分)

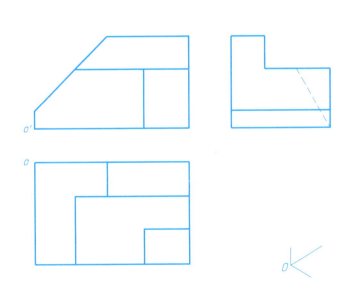

十二、作出机件指定位置的断面图（键槽深4mm）。(9分)

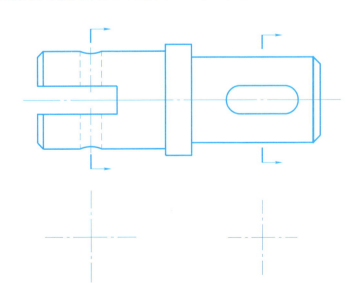

参考文献

[1] 戚美. 机械制图习题集 [M]. 北京：机械工业出版社，2013.

[2] 王农. 工程制图训练与解答：上册 [M]. 2 版. 北京：机械工业出版社，2020.

[3] 王农，戚美，梁会珍，等. 工程图学基础习题集 [M]. 3 版. 北京：北京航空航天大学出版社，2013.

[4] 瞿元赏，李海渊，朱文博. 机械制图习题集 [M]. 3 版. 北京：高等教育出版社，2018.

[5] 李冰，莫春柳，黄宪明. 画法几何与机械制图习题集 [M]. 北京：高等教育出版社，2021.

[6] 仝基斌，晏群. 机械制图习题集 [M]. 北京：机械工业出版社，2007.

[7] 王颖，杨德星，江景涛. 计算机绘图：精讲多练 [M]. 北京：高等教育出版社，2010.

[8] 邱龙辉，叶琳. 工程图学基础教程习题集 [M]. 4 版. 北京：机械工业出版社，2018.